HOUSE OF LORE

Yo Soy Un Dinosaurio

REBECCA Y JAMES MCDONALD

An-ki-lo-sau-rus

Yo soy un dinosaurio. Vagué por la Tierra hace millones de años. Mi nombre es Ankylosaurus. Tengo un caparazón que es duro y tiene puntas afiladas en la parte superior de mi cuerpo. Mi cola tiene un hueso grueso y redondo en el extremo al que puedo balancear como un martillo.

Mis comidas favoritas son las hojas y los arbustos. Los científicos nos llaman herbívoros a las criaturas que solo comemos plantas. Muchos dinosaurios eran herbívoros. Los científicos que estudian a los dinosaurios se llaman paleontólogos.

Los paleontólogos aprenden mucho sobre los dinosaurios como yo cuando excavan en la tierra y encuentran nuestros huesos. Llamamos fósiles a las cosas de animales realmente antiguas que encontramos en la tierra.

Los paleontólogos también han encontrado fósiles de dinosaurios a los que les gustaba comerse otros dinosaurios. Los animales a las que les gusta comer carne se llaman carnívoros. Los fósiles de dinosaurios han sido descubiertos en todo el mundo. Vamos a conocer algunos ejemplos.

Mi nombre es Alamosaurio. Soy un herbívoro. Tengo puntas y dos armaduras, una arriba y otra abajo de mi espalda para protegerme.
A-la-mo-sau-rio

Mi nombre es Espinosaurio. Soy el carnívoro más grande de todos. Tengo dientes y garras afiladas para cazar. Paso mucho tiempo en los ríos, sacando mi largo hocico del agua como un cocodrilo.
Es-pi-no-sau-rio

Es-te-go-sau-rio

Mi nombre es Estegosaurio. Soy un herbívoro. Tengo una especie de escudo en la espalda y una cola de puntas filosas para defenderme. Los científicos dicen que tengo un cerebro muy pequeño, pero soy lo suficientemente inteligente para saber que puedo usar mi cola con puntas contra los dinosaurios que intentan comerme.

Me llamo Saurolofus. Soy un herbívoro. Puedo pararme sobre mis dos patas traseras para llegar a las plantas altas, o puedo pararme sobre mis cuatro patas para buscar en el suelo ramas sabrosas de árboles. También soy un dinosaurio con pico de pato.

Sau-ro-lo-fus

Mi nombre es Gallimimus. Soy un omnívoro. Eso significa que como plantas, carne, huevos y a veces insectos jugosos y cuando son sabrosos hasta dos. También me gusta correr en manadas con otros dinosaurios como yo.

Ga-li-mi-mus

Mi nombre es Braquiosaurio. Soy un herbívoro. Tengo un cuello muy largo que me ayuda a alcanzar las deliciosas hojas en la copa de los árboles más altos. Mis dientes tienen forma de cuchara, así que puedo recoger muchas hojas.
Bra-quio-sau-rio

Da-ko-ta-rap-tor

Mi nombre es Dakotaraptor. Soy un carnívoro, y el dinosaurio de ave tipo Raptor más grande que los científicos han encontrado. Soy inusual porque tengo alas largas, pero no puedo volar. Las garras afiladas en el extremo de mis alas y en mis patas me hacen un buen cazador.

Mi nombre es Pteranodon. ¡Soy un dinosaurio que puede volar! También soy carnívoro. Cuando los científicos encontraron mis fósiles, también encontraron huesos de pescado en mi estómago.

Te-ra-no-don

Mi nombre es Estiracosaurio. Soy un herbívoro. Mi boca tiene forma de pico, así que soy bueno rompiendo y rasgando plantas que son muy duras, tan duras como la madera.

Es-ti-ra-co-sau-rio

Mi nombre es Alosaurio. Soy carnívoro. Me paro sobre mis dos fuertes patas y me equilibro con mi larga cola. Pongo huevos y luego los entierro por seguridad. Cuando es hora de que mis huevos nazcan, los desentierro cuidadosamente.
Al-lo-sau-rio

Mi nombre es Tricerátops. Soy un herbívoro. Mi armadura de hueso alrededor del cuello se llama collarín óseo. También tengo dos cuernos afilados sobre los ojos y un cuerno más corto en la nariz. Mi armadura y mis cuernos me protegen de otros dinosaurios que me quieren morder.
Tri-ce-rá-tops

Dei-no-ni-cus

Mi nombre es Deinonychus. Soy carnívoro, pero no muy grande. Tengo una garra grande en cada una de mis patas y unos brazos largos con garras con los que puedo agarrar a los animales que me quiero comer.

Mi nombre es Tiranosaurio Rex. Soy carnívoro. Los científicos creen que soy uno de los dinosaurios carnívoros más grandes que han existido. Tengo una boca gigante con dientes súper afilados, ideal para rasgar y comer mucha carne.

Ti-ra-no-sau-rio

Muchos científicos creen que los dinosaurios que se paraban en dos patas como el Tiranosaurio Rex, el Deinonychus y el Gallimimus se convirtieron lentamente en las aves emplumadas que viven en nuestro mundo actual.

Cuando observas un pájaro volando en el cielo o sentado en una rama de un árbol, es como ver un dinosaurio pequeño con plumas. Es increíble pensar que las aves de hoy son parientes de los dinosaurios gigantes que vivieron en el pasado, aquellos que hacían temblar y sacudir la tierra cuando buscaban comida.

Los científicos no están seguros de cómo murieron todos los dinosaurios, pero tienen algunas buenas ideas como por ejemplo, enfermedades, cambios de clima, falta de comida, y hasta la idea de que un gran objeto del espacio exterior golpeó a la Tierra, haciendo que se formaran nubes de polvo que impidieron que el Sol saliera en las mañanas haciendo que los dinosaurios murieran de frío.

La gente puede ver fósiles e incluso algunos esqueletos de dinosaurios gigantes en los Museos de Historia Natural. Los paleontólogos todavía están encontrando y desenterrando nuevos fósiles. ¡Quién sabe lo que puedan descubrir en el Futuro!

¿Cuál es tu dinosaurio favorito?

¿Puedes identificar cosas sobre los herbívoros que son iguales?

¿A quiénes se les llama carnívoros?

¿Hay algún pájaro hoy en día que te recuerde a un dinosaurio?

¿Por qué crees que algunos dinosaurios viajaban en grupos?

¿Por qué algunos dinosaurios enterraban sus huevos?

Yo Soy un Dinosaurio

Translated by The Spanish Group LLC

ISBN: 978-1-950553-12-9
Primera edición de pasta blanda de House of Lore, 2019
Visítanos en www.HouseOfLore.net

MIRA TAMBIÉN ESTOS OTROS LIBROS DE HOUSE OF LORE

Made in the USA
Coppell, TX
26 June 2021

58122801R00029